14.

INSTRUCTION

SUR LA

COMBUSTION DES VÉGÉTAUX,

LA FABRICATION DU SALIN,

DE LA CENDRE GRAVELÉE,

ET SUR LA MANIÈRE DE SATURER LES EAUX SALPÊTRÉES.

Par Vauquelin et Trusson, Commissaires du Comité de Salut public, chargés de cette partie, dans le Département d'Indre et Loire, et autres environnans.

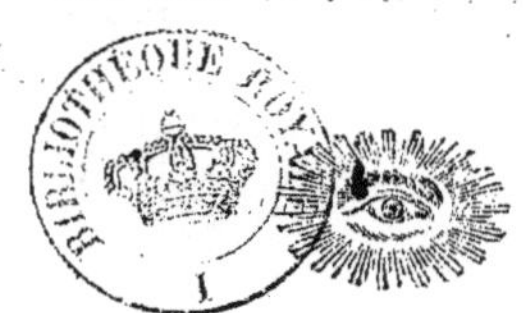

A TOURS,

De l'Imprimerie d'Auguste Vauquer et Lhéritier, Imprimeurs du Département.

L'an 3.me de la République.

(10)

AVERTISSEMENT.

On prévient le lecteur que cette Instruction incomplette n'a été faite que pour éclairer et diriger les citoyens qui, par zèle et par patriotisme, se livreront à la combustion des végétaux et à la préparation du salin ; qu'on s'est abstenu d'y répandre des développemens chymiques, qui n'auroient servi qu'à les embarrasser dans leur travail : qu'en parcourant les Départemens où l'on avoit à établir et organiser des atteliers, il aura pu s'y glisser quelques fautes dans la rédaction ; mais dans un tems plus opportun, appuyés d'un plus grand nombre d'experts, les Commissaires se proposent de multiplier leur combustion, leur incinération, et par conséquent de rendre cette Instruction plus complette et plus exacte.

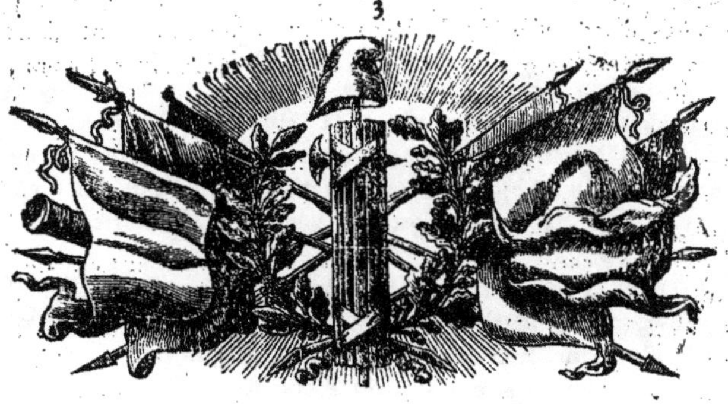

INSTRUCTION

SUR LA

COMBUSTION DES VÉGÉTAUX,

La fabrication du salin, de la cendre gravelée, et sur la manière de saturer les eaux salpêtrées.

Par Vauquelin et Trusson, Commissaires du Comité de Salut public, chargés de cette partie, dans le Département d'Indre et Loire, et autres environnans.

LE Commissariat désirant fournir à tous les citoyens, les moyens de servir utilement leur pays, et de concourir au succès , des armées de la République ; en préparant dans des attéliers communs , ou en silence dans leurs foyers , un des principes essentiels à la fabrication de la poudre destinée à renverser les ennemis de la Liberté ; il s'est empressé de rédiger une instruction simple , facile à concevoir , sur la combustion des végétaux- la fabrication du salin , etc.

Avant, d'entrer dans les détails de la combustion des plantes et de la fabrication du salin , il est bon de dire que c'est une matière saline , connue par les chymistes , sous le nom de potasse ou alcali-fixe végétal , que l'on sépare par le moyen de l'eau , de la cendre des végétaux brûlés , et que l'on obtient sec , en faisant évaporer l'eau qui le tient en dissolution.

C'est donc en brûlant des végétaux , quelle qu'en soit la nature , en lessivant la cendre qui en résulte , et en faisant réduire ensuite les lessives au feu , dans des chaudières de fer , que se fait le salin ; mais pour parvenir avec succès à ce résultat , il est nécessaire ;

1.º Que la combustion des végétaux soit complette , c'est-à-dire que la matière charbonneuse et les autres principes végétaux , soient entièrement consumés. Sans cette précaution indispensable , les lessives seroient colorées , et le salin qu'elles fourniroient par la dessication , ne seroit pas pur.

2.º Que les cendres, après le lessivage , soient entièrement privées de tout ce qu'elles contiennent de soluble dans l'eau , et que les lessives soient réduites par l'action du feu à l'état de siccité le plus parfait.

Du choix des plantes propres à brûler.

Deux choses doivent diriger dans le choix des plantes

l'inutilité parfaite de ces mêmes plantes et leur qualité pour faire du salin ; il en est qui ne font que surcharger le terrein qui les nourrit, sans que les hommes puissent en tirer aucun produit utile ; il en existe d'autres , qui quoique servant à quelques usages domestiques , sont beaucoup plus que suffisantes pour remplir les besoins ordinaires , et qui présenteroient quelques avantages à ceux qui les convertiroient en cendres ou en salin.

Parmi les plantes entièrement inutiles se trouvent les orties , les chardons de toutes espèces , la pariétaire , la persicaire ou poivrette , l'hieble , les ronces , les épines , les genêts , les tiges de bled noir , de féves de marais , la paille de millet , les tiges d'artichauts , de choux , le tournesol , les feuilles , les cotons de tabac , les feuilles de tous les arbres dont ils vont bientôt se dépouiller , le fruit du maronnier d'Inde , les tiges de pommes de terre , et toutes les autres mauvaises herbes qui , en général , donnent beaucoup d'excellentes cendres.

Dans le nombre des végétaux qui sont employés à quelques usages , et qui sont surabondans aux besoins domestiques , sont compris les bruyères, les fougères, les houx, les ajoncs, les tiges d'haricots , de mays , etc. Mais malgré la légère utilité que l'on retire de ces plantes et arbustes dans certains endroits , on est persuadé que dans un moment où les besoins de la Patrie sont grands , et où le salin et le salpêtre sont les matières les plus nécessaires à l'établissement de la Liberté , tous les citoyens se priveront volontiers de quelques-uns des secours qu'ils trouvoient dans ces plantes , et convertiront en cendres celles ou l'excédant de celles qui ne seront pas absolument nécessaires à l'entretien de leur existence.

DE LA COMBUSTION DES VÉGÉTAUX.

De l'établissement des Foyers.

L'expérience a appris que la meilleure manière de brûler les végétaux, est de les exposer sur le sol même, après en avoir séparé les cailloux, et l'avoir battu fortement pour en presser la terre, et éviter qu'en se délitant, elle ne se mêle avec les cendres. Ensuite on trace autour du feu un petit fossé de 6 pouces de profondeur, de deux pieds de largeur et de vingt-quatre pieds de diamètre, pour empêcher que le feu ne se propage par le pied des bruyères et les mousses.

De la multiplication des foyers.

Il est essentiel de multiplier autant que les matières combustibles le permettront, le nombre des foyers : on évite par-là, le transport des végétaux, et l'on économise le tems et les bras.

Du nombre d'hommes nécessaire à chaque foyer.

En multipliant assez les foyers, pour que l'espace de terrein destiné à les alimenter n'ait pas plus de quarante pas de rayon, lorsque les végétaux sont abondans, six hommes pour couper, trois femmes, ou quatre enfans pour porter, et un homme pour gouverner le feu, suffisent pour chaque foyer.

De la manière d'incinérer.

Les combustibles doivent être mis avec précaution dans les foyers, et il n'en sera ajouté de nouveau, qu'après que

la flamme de ceux qui brûlent, sera presque entièrement
passée, afin d'éviter que la cendre ne soit enlevée, et
qu'une trop grande quantité de charbon ne reste couverte
par les cendres des feuillages et des extrémités des végétaux qui s'incinèrent les premiers ; et qu'il faut pour l'y
réduire, le concours de l'air. D'après ce principe, en observant ce qui vient d'être dit, on aura encore soin de
faire remuer doucement et souvent avec un rable, la matière charbonneuse du foyer, pour que l'air en la frappant,
la convertisse plus rapidement en cendre : il faut aussi
avoir l'attention de sécouer la terre des végétaux qui,
au lieu de se couper par l'effort de l'instrument, s'arrachent,
et retiennent leurs racines, cette matière étrangère et très-
préjudiciable à la qualité des cendres.

Construction de hangars.

Pour éviter la perte des cendres, dans les foyers, soit
par les pluies ou les grands vents, on fera construire
à proximité des atteliers, des hangars couverts, d'environ vingt pieds en carré, de six pouces de profondeur,
où les cendres encore en feu, seront portées, et où elles
acheveront de s'incinérer, en ayant soin de les remuer
avec un ringard.

Du transport des cendres.

Lorsque les cendres déposées sous les hangars seront
refroidies, on les passera au travers d'un crible de fer
ou d'une claye en bois pour en séparer la terre et le
charbon qui auroit échappé à la combustion ; on les trans-
portera ensuite dans des sacs ou tonneaux, dans un local
sec et à l'abri des intempéries des saisons, la matière charbon-

neuse sera mise de nouveau dans les foyers pour être convertie en cendre. Comme la République a fait élever des atteliers pour brûler les végétaux inutiles répandus soit dans les landes, soit dans les forêts nationales, et qu'il peut se trouver certaines parties de ces forêts dont les bois sont de mauvaise qualité, et qu'elle trouveroit dans leur combustion des résultats plus utiles que dans leur exploitation, on a crû faire à cet égard quelques observations sur la manière de brûler, sur les précautions à prendre pour éviter les abus qui pourroient s'introduire dans l'exécution de ce travail.

Du bois qui doit être brûlé.

Les bois depuis le plus gros diametre jusqu'à celui d'environ six pouces, seront brûlés autant que faire se pourra, à part dans des foyers semblables à ceux indiqués ci-dessus, en observant de les placer de manière qu'il y ait un courant d'air continuel entre tous les morceaux ; cette précaution présente deux avantages, l'un d'accélérer la combustion, l'autre de convertir le charbon plus rapidement en cendre.

Condition à observer relativement au bois à brûler.

On observera de ne faire brûler que les bois malvenant et ceux qui empêchent la crue des bons, tels que les trembles, les saules, les bouleaux, les troines, la bandaine malvenante, et les bois à demi morts connus sous le nom d'arbres couronnés ; et pour éviter les inconvéniens qui pourroient avoir lieu dans les forêts nationales, les citoyens chargés de cette exploitation, doivent se concerter avec les préposés à la garde des bois de la République, et aucun

arbre

arbre ou arbrisseau ne doit être abattu qu'après avoir été marqué par eux.

Des plantes herbacées.

Il y a beaucoup de plantes qui ne deviennent jamais ligneuses et qui contiennent une grande quantité d'eau qui les empêcheroit de brûler, si on ne les exposoit pendant quelques jours à l'air et au soleil lorsque le temps le permet, en les remuant de temps en temps pour qu'elles se fannent.

Lorsqu'elles sont essorées, on les brûle à l'abri du vent de la même manière que celle qui a été décrite pour les arbrisseaux et plantes ligneuses, en ayant l'attention cependant d'allumer le feu avec un fagot de sarment ou tout autre bois menu, afin de chauffer la masse d'herbes ainsi que le sol ou sera le foyer. Le Commissariat recommande surtout les plantes herbacées aux soins et à la sollicitude des bons citoyens ; elles ont pour mériter leur attention dans ce moment-ci, deux qualités essentielles, celles de n'être utiles à rien, et l'autre de fournir beaucoup plus de cendres et d'une meilleure qualité que les végétaux ligneux, et les bois d'arbres et d'arbrisseaux.

Voici les plantes qui, parmi celles qu'on a fait brûler, ont fourni au •Commissariat les résultats les plus satisfaisans : la fougère, l'hieble, les chardons, les tiges de mays, de pommes de terre, d'artichauts, d'ortis, de pariétaires et de bourache ; et toutes les autres herbes qui croissent dans les cours, le long des murs, dans les jardins, dans les champs, où elles privent les plantes utiles, de la nourriture qui leur est destinée, et les étouffent en leur dérobant le contact de l'air et de la lumière, quoi-

B

que moins riches, sont encore préférables aux gros bois
pour faire de la cendre.

De l'attelier à salin.

Plusieurs objets sont nécessaires à la fabrication du salin ;
des vaisseaux convenables pour lessiver les cendres, des
chaudières pour évaporer les lessives, et des fourneaux
pour recevoir les vaisseaux d'évaporation et de dissication.
Le nombre et la grandeur de ces vaisseaux d'évaporation
doivent être en raison de la quantité de matière à
traiter.

Du local.

Les dimensions du local pour la fabrication du salin,
dépendent, comme celles des vaisseaux de lessivage, des
quantités diverses de matière que l'on a à sa disposition ;
mais en supposant que l'on ait assez de cendres pour
alimenter 120 tonneaux contenant 500 livres d'eau, il faut
que le bâtiment ait environ soixante-douze pieds de long
sur vingt à vingt-quatre de large ; il est nécessaire qu'il
soit au rez-de-chaussée, à proximité de l'eau, et s'il est
possible qu'il y ait un puits dans l'intérieur. Il est essentiel aussi qu'il y ait une espace de terrein assez grand,
libre, et auprès du local, pour y déposer les cendres
lessivées qui doivent être conservées, soit pour l'amélio-
ration des terres, soit pour être employées dans les ver-
ries en verre noir. Il n'est pas moins important d'avoir à
côté de l'attelier plusieurs autres petits locaux, tant pour
contenir les cendres neuves et le salin, que pour y fabriquer les barils destinés à le renfermer.

Des vaisseaux de lessivage.

Les tonneaux ou poinçons ordinaires qui servent à mettre le vin, sont les vaisseaux les plus commodes, les moins chers et les plus faciles à se procurer pour cette opération. L'on peut aussi se servir de caisses quarrées en bois; elles ont même sur les tonneaux l'avantage d'occuper moins d'espace, et de rendre plus facile le chargement et le déchargement de la cendre; mais elles sont très-dispendieuses et difficiles à se procurer partout, soit à cause de la rareté du bois convenable ou des ouvriers capables de les construire. Cependant, on croit devoir en indiquer ici la forme et les dimensions, en cas qu'il fût possible d'en faire construire dans quelques lieux où ces conditions se trouveroient réunies; ce sont des quarrés alongés d'environ douze pieds de long, de trois et demi de hauteur, et trois pieds de large dans la partie supérieure, et de deux pieds dans la partie inférieure. Elles sont percées sur un des côtés presqu'au niveau du fond, à quatre pouces de distance, de plusieurs trous destinés à l'écoulement des eaux et à recevoir des chantepleures de bois. L'on attache obliquement sur la paroi latérale percée, et sur le fond, une planche d'environ un pied de large, percée dans toute son étendue et recouverte de clayes d'osier pour empêcher que les cendres ne bouchent les ouvertures de la caisse. Pour donner plus de solidité à la caisse, on en réunit les parties avec des équerres de fer que l'on attache sur les quatre angles; on les lie tout-au-tour avec de fortes traverses en bois qui se joignent comme celles des cuves à vin. Pour éviter l'écartement qu'elles pourroient éprouver par la pesanteur de la matière, on soutient les deux côtés avec une barre de fer appellée boulon, qui les traverse par

le milieu de la longueur et à quatre pouces du bord supérieur. Six caisses de la continence de vingt poinçons
chacune donne le même produit que cent vingt tonneaux
semblables à ceux dont on a parlé ci-dessus, et le service
en seroit plus facile.

De la disposition des vaisseaux de lessivage.

Pour lessiver les cendres le plus exactement possible ,
il faut que les tonneaux soient disposés sur quatre rangs;
et si le nombre des tonneaux s'éleve à cent vingt, comme
il a été dit plus haut , chaque rangée composée de trente
sera placée à trois pieds de la paroi du bâtiment ;
on pose les tonneaux les uns à côté des autres de manière
qu'ils se touchent ; on appuie sur la première rangée ou
seconde bande du même nombre ; une troisième doit être
formée à la même distance de la première double bande ,
et une quatrième doit être mise contre celle-ci, de manière
qu'il y ait trois pieds de passage entre chaque double
bande et les parois du bâtiment , pour permettre aux
ouvriers de faire librement le chargement et le déchargement de la cendre. On éleve des tonneaux d'environ
quatre à cinq pouces sur les chaudières ou pièces de bois,
dont trois suffisent pour une double bande. On fixe dans
le sol et sous le bord percé des tonneaux , un demi canal
de bois pour recevoir les lessives et les conduire dans une
recette commune placée à l'extrémité de chaque bande
simple. Au-dessus de chaque double bande on placera une
conduite de bois percée des deux côtés d'autant de trous
qu'il y aura de tonneaux , et portant chacun une chantepleure en bois bouchée avec une cheville qu'on ôte à
mesure qu'on veut emplir les tonneaux d'eau , ou de
petites eaux de lessivage. Pour porter les lessives qui ne

sont pas assez fortes pour être évaporées ; sur les cendres neuves par le moyen d'un demi canal dont on vient de parler, on peut se servir avec avantage d'une petite pompe de bois mobile , placée dans la recette et fixée sur un poteau planté entre les deux recettes.

On voit que pour un attelier dans lequel il y a cent vingt tonneaux il faut quatre demi canaux pour recevoir la liqueur qui s'écoule des cuviers, et la rassembler dans les recettes ; quatre recettes enterrées jusqu'à leur bord supérieur et placées à chaque extrémité des bandes du côté du fourneau ; deux autres demi canaux suspendus au-dessus des vaisseaux de lexiviation , et percés des deux côtés comme il a été dit plus haut, pour pouvoir remplir deux bandes avec le même canal. Il faut aussi placer une cuve de la contenance de cinq à six poinçons contre les tonneaux de lessivage et les chaudières à évaporation , pour réunir les eaux fortes , et les faire passer à mesure dans les chaudières. Cette cuve doit être élevée de quelques pouces au-dessus du niveau des chaudières , afin que la liqueur qu'elle contient y puisse parvenir à l'aide d'un canal flexible , au moins dans quelques-unes de ses parties.

Les tonneaux ainsi disposés , l'on applique sur les trous qui ont été pratiqués à quelques lignes au-dessus de leur fond , une tuile creuse ou quelques pierres , pour éviter que la masse de la cendre ne presse trop sur ce point et ne bouche l'ouverture.

On met par-dessus deux ou trois poignées de paille ou d'autres corps menus que l'on recouvre , si l'on veut , pour plus d'exactitude d'une toile grossière ou cannevas ; par ce moyen la liqueur passe claire et la filtration se fait facilement.

Du Lessivage des cendres en grand.

Après avoir rempli les cuviers de cendre, on en presse un peu la surface, et on l'éleve légèrement sur les bords des tonneaux, afin que l'eau ne s'infiltre pas trop facilement le long des parois du cuvier, ensuite on lessive pour la première fois une bande de trente tonneaux que l'on suppose contenir chacun deux cent cinquante livres de cendres. Comme chaque tonneau contient deux cent cinquante peintes, mesure de Paris, ce qui représente cinq cent livres pesant, il est évident que l'on peut employer deux cent cinquante livres d'eau pour chaque tonneau dans le premier lessivage ; mais comme la cendre retient environ moitié du poids de l'eau employée à ce premier lessivage, il ne doit en couler dans la recette que cent vingt-cinq livres par tonneau. En supposant que les cendres contiennent dix pour cent de matière saline, cette première lessive marquera, au pese-liqueur, dix degrés. Il reste, comme on voit, dans les cendres, moitié de l'eau employée, également à dix degrés, qu'il faut par de nouveaux lessivages amener dans la recette.

On procede à un deuxième lessivage en versant sur chaque tonneau une quantité d'eau pure égale à celle retenue dans les cendres, c'est-à-dire cent vingt-cinq livres. On sent que par cette addition les dix degrés retenus étant divisés par une quantité d'eau égale à la première, la lessive qui en proviendra ne marquera que cinq degrés à l'aréomètre. Il reste toujours dans les cendres cent vingt-cinq livres d'eau par tonneau, marquant cette fois cinq degrés. On fait au troisième lessivage comme ci-dessus, et la lessive qu'on obtient, est à deux degrés et demi. On continue ainsi, jusqu'à ce que les lessives ne donnent au plus qu'un demi degré à l'aréomètre ; et pour y parvenir, il faut au moins six lessivages.

Comme les lessives doivent être à dix degrés au moins pour être portées dans les chaudières d'évaporation ou de cuite, toutes celles qui seront au-dessous de ce terme, doivent être repassées sur de nouvelles cendres. Mais on a pensé que pour être mieux entendu, il étoit indispensable de réunir dans une table les différentes fractions de lessivage pour servir d'exemple.

On observera ici seulement, 1.°, qu'il est important de ne donner issue à la lessive, dans le premier lessivage, qu'au bout de neuf à dix heures, pour que la matière saline ait le temps de se combiner avec l'eau ; mais que comme la plus grande partie de cette matière contenue dans la cendre a été dissoute par le premier lessivage, il n'est pas nécessaire de laisser l'eau séjourner aussi long-temps dans les lessivages suivans ; une heure ou deux suffisent lorsque la totalité de l'eau ou de petite lessive qu'on doit y mettre y est entrée. 2.° Que quoiqu'on ait évalué dans la cendre le salin à dix pour cent, on n'a pas voulu dire par-là que toutes les cendres dussent donner ce résultat ; on n'ignore pas qu'il y en a de beaucoup plus riches, mais on a pris le terme le plus commun, celui que donne la cendre de bruyère, par exemple, qui est le végétal le plus abondamment répandu. 3.° Qu'il y a une autre manière de lessiver qui paroît au premier aspect plus économique que celle qu'on a proposée, c'est de diminuer à chaque lessivage la quantité d'eau ou de petites eaux ; par ce moyen on obtient en effet avec la même quantité de liquide, beaucoup plus de matière saline, mais il faut faire un grand nombre de lessivages pour épuiser la cendre , et l'on perd au moins par le temps qu'on est obligé d'employer , le bénéfice qui existe dans la masse moins grande de liquide.

Lessivage des cendres en petit.

Comme les besoins pressans de la République détermineront sans-doute tous les citoyens à faire des cendres dans leurs foyers , on a cru qu'il seroit utile de leur indiquer , en peu de mots , la manière la plus simple et la plus économique d'en extraire le salin.

E X E M P L E :

On suppose qu'on ait vingt livres de cendres à lessiver , que ces cendres recelent dix livres de salin par cent, il y en aura deux dans les vingt livres ; on verse dessus quarante livres d'eau bouillante pour les lessiver ; on les laisse tromper pendant une heure en agitant de temps en temps ; on laisse reposer la liqueur l'espace de deux heures , ensuite on la tire à clair par inclinaison ; l'on obtient environ vingt livres de lessive à cinq degrés , qui indiquent une livre de salin ; on remet sur la même cendre vingt livres d'eau chaude ; on agite à plusieurs reprises, et après avoir laissé reposer , on sépare l'eau comme auparavant , et on a cette fois environ vingt livres d'eau à deux degrés et demi qui représentent huit onces de matière.

Comme cette cendre retient encore vingt livres d'eau à deux dégrés et demi qui annoncent quatre onces de sel , on verse pour la troisième fois vingt livres d'eau, et l'on a vingt livres de lessive à un dégré et un quart qui équivalent à deux onces ; on ajoute pour la dernière fois dix livres d'eau chaude , et on exprime les cendres dans un linge de toile forte pour obtenir

nir la plus grande partie de la liqueur retenue par ces cendres. Les cendres ainsi épuisées, on peut négliger le peu de matière saline qui reste, parce que d'une part, l'eau nécessaire pour l'obtenir exigeroit une trop grande quantité de combustible pour être évaporée, et le salin qu'elle produiroit, n'indemniseroit pas de la perte du bois et du temps qu'on employeroit. On fait évaporer les lessives dans un chaudron de cuivre ou de fer, (ce dernier est préférable), jusqu'à ce qu'elles soient réduites en matières séches et pulvérulentes; il faut remuer continuellement la liqueur lorsqu'elle commence à s'épaissir avec une cuiller de fer pour favoriser la sortie de l'humidité, et empêcher qu'elle ne s'attache au fond et aux côtés du vaisseau; on met ce salin dans des vases fermant exactement, comme des pots, des bouteilles, etc., afin qu'il ne se fonde point par l'humidité de l'air.

Des Vaisseaux d'évaporation.

Les vaisseaux qui conviennent le mieux à la confection du salin, sont des espèces de chaudières de fer proportionnées à la quantité de lessive qu'on a à évaporer; comme le nombre des cuviers de lessivage qui a été indiqué dans cette instruction peut fournir à peu-près tous les vingt-quatre heures, sept poinçons et demi de lessive bonne à évaporer, et que chaque chaudière peut évaporer un tonneau et demi tous les vingt-quatre heures, quatre suffisent pour la totalité de liquide que fourniront les cuviers, dans le même espace de temps. Pour accélérer l'opération, il est nécessaire qu'au milieu du fourneau qui sera décrit plus bas, soit placée une cinquième chaudière de la même continence que les autres, pour la dessication des eaux rapprochées à-peu-près à l'état de miel liquide. Comme on peut faire quatre dessications par vingt-quatre heures, et qu'il est possible de dessécher à chaque fois cent quarante livres de salin, on employera dans les vingt-quatre heures, le produit que les quatre chaudières auront fourni dans lemême tems.

Des Fourneaux.

Les fourneaux destinés à recevoir les chaudières doivent être placés à l'une des extrémités du bâtiment qui permettra plus facilement l'élévation d'une cheminée, en supposant toujours qu'on ait cinq chaudières à placer, du diamètre de deux pieds ; un fourneau de quinze pieds de long, de trois pieds de large, et deux pieds et demi de haut, a paru le plus convenable pour les établir.

Ce sera donc une espèce de galère semblable à celles dont se servent les distilateurs d'eau-forte. Il peut être construit en brique ou en pierre de taille, et soutenu tout au tour par un lien de fer, pour que la chaleur et la pesanteur des chaudières ne l'écartent pas. Le raisonnement sur l'emploi exact de la chaleur et l'économie du combustible, indique de placer l'ouverture du fourneau à l'une des extrémités, et la cheminée à l'autre : mais il arriveroit indubitablement que les chaudières voisines de la cheminée ne recevroient pas la même quantité de chaleur, et ne rempliroient pas l'effet qu'elles doivent produire ; en plaçant le foyer sur le côté et au centre, on avoit la certitude de répandre par-tout à peu-près la même action de la chaleur, mais une considération importante arrêtoit ; c'est que cette disposition demandoit le placement de la cheminée également au milieu du fourneau, et au côté opposé ;

l'on voyoit par-là s'échapper une grande partie de chaleur en pure perte pour l'évaporation ; il falloit donc, pour réunir ces conditions et vaincre les difficultés qu'elles présentoient, imaginer une autre forme à donner au fourneau, dont voici la description :

Qu'on se présente un quarré allongé, de trois pieds de large, de deux pieds et demi de haut, et de quinze pieds de long, divisé en deux parties dans toute sa longueur, par un diaphragme ou paroi horisontale, en sorte que ce fourneau en représente seulement deux, dans lesquels la flamme et la fumée sont forcées de passer, et de laisser en parcourant ce long espace, la plus grande partie de la chaleur qu'elles auroient, sans cette disposition emportée à l'extérieur.

On sent qu'il ne faut pas que cette paroi moyenne se prolonge jusqu'aux extrémités du fourneau, parce que la fumée et la flamme du bois ne trouvant pas d'issue pour s'échapper, sortiroient par la porte du foyer, se répandroient dans l'attelier, empêcheroient la combustion, et enleveroient la chaleur aux chaudières. Il est donc indispensable qu'il y ait à chaque extrémité du fourneau, une espace d'environ un demi pied entre l'extrémité de cette cloison, et la paroi intérieure du bout du fourneau, pour que la flamme puisse circuler dans la seconde capacité, et la fumée s'échapper par la cheminée. Le fourneau ayant quinze pieds de long, les chaudières environ deux pieds de diamètre, et les ouvertures des extrémités un pied de large, il restera environ neuf pouces et demi entre chaque chaudière. Pour tirer tout le parti possible de la disposition respective du diaphragme du fourneau avec le fourneau lui-même, il est nécessaire que cette séparation soit placée à une hauteur convenable, pour qu'elle soit traversée comme la partie supérieure du fourneau, par les chaudières, et que celles-ci descendent au moins de deux pouces au dessous du diaphragme ou séparation. Par cette construction, l'on comprend facilement que la chaleur dont le foyer sera le centre, se divisera également sur les deux côtés, qu'elle commencera par déposer sur le fond des chaudières une partie d'elle-même; qu'ensuite, obligée de parvenir jusqu'à la cheminée placée au milieu et en face du foyer, elle parcourre la partie supérieure du fourneau, et frappe de nouveau les parois des chaudières.

Le long chemin que la fumée parcourt dans le fourneau rallentira indubitablement sa marche, et mettra un obstacle à son élévation. En conséquence, il faudra prolonger la cheminée de quelques pieds de plus, pour allonger la colonne intérieure de l'air, et établir une différence plus sensible, entr'elle et l'extérieur. Par-là on hâte la combustion, et l'on évite la fumée.

On aura l'attention de joindre exactement le contour des chaudières avec la partie supérieure du fourneau et avec le diaphragme, afin que la fumée ne puisse passer entre elles, et en intercepter le courant. Cette union doit être d'autant plus intime, que les chaudières seront à demeure, et ne doivent être déplacées qu'autant qu'il y auroit quelques réparations à faire au fourneau.

De l'évaporation et de la cuisson des lessives.

Le fourneau étant formé de la manière qui vient d'être énoncée dans l'article précédent, et lorsqu'on a suffisamment de lessives bonnes à cuire, on procede à l'évaporation; il faut avoir au-moins quinze tonneaux de cette

lessive à douze degrés et au-dessus, préparés d'avance, pour
n'être jamais obligé d'interrompre l'activité du fourneau. On
emplit donc de lessive de cuite, à quatre doigts du bord, les
cinq chaudières destinées à l'évaporation ; on élèvera la liqueur au degré de l'ébullition, et où elle sera constamment
entretenue jour et nuit ; on en ajoute de nouvelle à mesure
que la première s'évapore par le moyen d'un réservoir en
cuivre, placé entre les chaudières et la cheminée. Lorsque la liqueur est épaissie à peu près comme du miel un
peu liquide, on la met à part pour la faire dessécher entièrement dans la chaudière du milieu. On remplit les quatre
autres chaudières de nouveau, et l'on opère toujours de
la même manière. La liqueur contenue dans la chaudière
du milieu, étant desséchée, on la retire et on la met dans
un baril taré que l'on couvre jusqu'à ce qu'il y en ait
suffisamment pour le remplir et le fermer exactement afin
qu'il n'attire pas l'humidité de l'air. On prend ensuite le
tiers de la matière épaissie mise de côté, et on la fait dessécher dans la même chaudière ; comme elle peut dessécher en vingt-quatre heures la totalité de cette matière ;
et que les quatre chaudières ne peuvent évaporer dans le
même espace de temps que trois fois leur continence, la
chaudière de dessication suffira pour en dessécher le produit,
et rien ne restera en arrière. On aura l'attention de ne pas
pousser très-fortement la chaleur, sur la fin de l'évaporation, pour éviter le gonflement de la matière qui la porteroit indubitablement par-dessus les bords de la chaudière et causeroit une perte considérable ; il faut agiter
de temps en temps avec de grandes spatules de fer ; en di-
visant ainsi la matière, on lui donne plus de contact avec
l'air ; on favorise l'évaporation ; on empêche le gonflement et l'encroutement au fond de la chaudière. Cette

manipulation étant très-pénible, par la force qu'elle exige et par la chaleur que le fourneau fait éprouver, il est nécessaire que l'ouvrier qui en est chargé, soit relevé d temps en temps par un autre. On reconnoît que le salin est suffisamment desséché, lorsque la matière devient mobile sous l'instrument qui l'agite, et lorsque le laissant tomber de haut, il s'en élève poussière. Dans cet état, on le met de côté, jusqu'à ce qu'il soit presque refroidi ; on en emplit des barils tarés qu'on ferme exactement, afin qu'il ne s'humecte pas.

De la conversion du Salin en potasse.

Le Salin ne diffère de la potasse, que par une certaine quantité d'humidité et de matière colorante extractive qui n'a pas été décomposée par l'action de la chaleur ; le passage du salin à l'état de potasse, n'est donc que la séparation exacte de ces deux matières étrangères ; et le seul moyen qu'il y ait d'y parvenir, c'est d'exposer de nouveau cette matière à une chaleur forte ; pour cela, on se sert ordinairement d'un fourneau, dont l'aire carrelée a dix à douze pieds de long et quatre à cinq pieds de large. La partie supérieure dans toutes ses parties, décrit une courbe élevée de dix-huit à vingt pouces au centre, et moins vers les extrémités, pour refléchir la chaleur avec plus d'identité. Le foyer est placé à un des bouts, et à quelques pouces au-dessous du niveau de l'aire, et la cheminée à l'autre, en sorte que la fumée et la chaleur en traversant toute la longueur, sont renvoyées à la surface du salin, en chasent l'humidité et en brûlent ce qui en reste de combustible ! Ce fourneau doit être percé d'une ou plusieurs ouvertures sur les côtés et au fond au-dessous de la cheminée, pour en refaire le salin, lorsqu'il est arrivé à l'état de potasse.

On met dans un fourneau de cette grandeur, quatre à cinq cents de salin à la fois ; on allume le feu ; on remue la matière de temps en temps par les ouvertures latérales, avec des rables de feu, et lorsqu'elle commence à se réduire en pâte, et qu'il n'y reste plus de taches noires, ce dont on s'assure en en tirant un petit échantillon, on la rassemble vers l'ouverture et on l'attire dehors ; à mesure que cette opération se fait, un autre ouvrier, par la seconde ouverture, avec une grande pelle de fer porte sur les parties de l'aire débarassée de nouveau salin. On referme les portes, et par cette manœuvre le travail n'est jamais interrompu. On peut fabriquer dans ce fourneau, quatre à cinq milliers de potasse dans vingt-quatre heures.

La potasse ainsi traitée, doit être en masses dures, marquées de taches vertes ou blanchâtres, quelque fois jaunes; on la renferme comme le salin, dans des tonneaux, pour qu'elle n'éprouve pas d'altération par l'humidité de l'air.

De la préparation des lies.

Le Commissariat désirant tirer parti de toutes les ressources qu'offre la nature pour procurer à la République, l'alcali dont elle a un besoin si pressant, a pensé qu'il étoit important de faire connoître à tous les citoyens, la manière de préparer la cendre gravelée, dont le travail est encore confié à quelques mains qui en font un prétendu secret, même dans ce moment, où tous les individus, toutes les lumières sont réclamés de toutes parts pour la défense de la Liberté.

Du recueillement des lies.

Après avoir ramassé les lies de vin rouge et blanc, on les réunit dans des poinçons ou dans des cuves, on les

laisse reposer pendant plusieurs jours pour en tenir le liquide qu'elles peuvent encore contenir et qui peut servir
de boisson si la lie est nouvelle. Lorsque cette matière ne
rend plus de liquide, on la met dans des petits sacs de
toile forte et un peu serrée, de quinze pouces de long et
d'environ dix de large ; on en lie l'ouverture avec une
ficelle ; on les place ensuite debout dans une cuve carrée
ou ronde appellée *métier*, percée à six lignes du fond, ou
bien dans un simple tonneau, lorsqu'on opère sur une
petite quantité, jusqu'à ce qu'il en soit rempli.

On laisse ces sacs dans cet état pendant vingt-quatre
heures pour qu'il s'égoutent et en obtenir le vin qui en
sort sans mélange de matière étrangère ; ensuite on met
sur les sacs une espèce de couvercle de bois qui entre dans
la cuve ; on place sur ce couvercle, vers les côtés, deux
morceaux de bois un peu plus petits que le diametre du
tonneau, on met par-dessus un troisième qui les traverse par le milieu, afin qu'en chargeant, la pression se fasse
également sur tous les points. Près la cuve, on a pratiqué
une ouverture dans le mur pour recevoir un long lévier
en bois qui s'appuie environ vers le tiers de sa longueur
sur le billot de bois posé sur le couvercle de la cuve et
qui porte à son extrémité, un plateau dans lequel doit
être mise la charge. On met d'abord dans le plateau un
poids de vingt-cinq livres ; trente-six heures après, on en
ajoute vingt-cinq autres, ensuite on met toutes les douze
heures un nouveau poids de vingt-cinq livres ; au bout de
quarante-huit heures, on en met cinquante livres, ce qui
fait en tout deux cents livres. Quatre jours après, lorsque
les sacs sont solides, on les délie pour mouver la matière,
on les retourne, on ploye la partie vide du sac sur l'autre,
on les replace quarrément dans le métier, et on les charge
avec

TABLEAU DE LESSIVAGE.

ORDRE DES TOURS	ORDRE DES BANDES	ORDRE DES LESSIVAGES	QUANTITÉ d'eau pure ou de petites eaux à mettre sur les Bandes.	QUANTITÉ DE LESSIVE qu'on en retire.	NOMBRE des degrés que la lessive donne à l'aréomètre	LESSIVE bonne à brûler ou trop foible.	REMARQUES.
Premier Tour	1.re Bande	1.er Lessivage	Eau pure 7,500	Lessive 3,750	à 10 degrés	Bonne à brûler.	
id.	id.	2.e Lessivage	Eau pure . . . 3,750	Lessive . . . 3,750	à 5 d.	Trop foib'e pour être brû'ée.	On n'a mis que 3,750 d'eau à ce second lessivage, parce qu'il en restoit dans les cendres 3,750 l; du 1.er lessivage, & en ne mettant cette fois que la moitié, on en retire autant de lessive que la première fois.
id.	id.	3.e Lessivage	Eau pure . . . 3,750	Lessive . . . 3,750	à $2\frac{1}{2}$	Trop foible.	
id.	id.	4.e Lessivage	Eau pure . . . 3,750	Lessive . . . 3,750	à $1\frac{1}{4}$	Trop foible.	
id.	id.	5.e Lessivage	Eau pure . . . 3,750	Lessive . . . 3,750	à $\frac{1}{2}$	Trop foible.	
id.	2.e Bande	1.er Lessivage	Eau du 2.e & du 3.e lessivage de la 1.re bande 7,500	Lessive . . . 3,750	à $13\frac{1}{2}$	Bonne à brûler.	On met ici deux lessivages à la fois, parce qu'il en reste la moitié dans les cendres qui sont ouvertes.
id.	id.	2.e Lessivage	Eau du 4.e lessivage de la 1.re bande . . 3,750	Lessive . . . 3,750	à $7\frac{1}{2}$	Trop foible.	
id.	id.	3.e Lessivage	Eau du 5.e lessivage de la 1.re bande . . 3,750	Lessive . . . 3,750	à $4\frac{1}{16}$	Trop foible.	
id.	id.	4.e Lessivage	Eau pure . . . 3,750	Lessive . . . 3,750	à $2\frac{1}{32}$	Trop foible.	
id.	id.	5.e Lessivage	Eau pure . . . 3,750	Lessive . . . 3,750	à $1\frac{1}{64}$	Trop foible.	
id.	id.	6.e Lessivage	Eau pure . . . 3,750	Lessive . . . 3,750	à $0\frac{45}{128}$	Trop foible.	
id.	3.e Bande	1.er Lessivage	Eau du 2.e & du 3.e lessivage de la 2.e bande . 7,500	Lessive . . . 3,750	à $15\frac{45}{64}$	Bonne à brûler.	Lorsque les lessives sont amenées ainsi à ne marquer qu'un demi-degré environ à l'aréomètre, il faut négliger la terre, parce que le tems & le combustible qu'on seroit obligé d'employer pour obtenir les dernières portions d'alkali, les rendroient extrêmement chères.
id.	id.	2.e Lessivage	Eau du 4.e lessivage de la 2.e bande . . 3,750	Lessive . . . 3,750	à $8\frac{13}{64}$	Trop foible.	
id.	id.	3.e Lessivage	Eau du 5.e lessivage de la 2.e bande . . 3,750	Lessive . . . 3,750	à $4\frac{1}{16}$	Trop foible.	
id.	id.	4.e Lessivage	Eau du 6.e lessivage de la 2.e bande . . 3,750	Lessive . . . 3,750	à $2\frac{1}{4}$	Trop foible.	
id.	id.	5.e Lessivage	Eau pure . . . 3,750	Lessive . . . 3,750	à $1\frac{1}{4}$	Trop foible.	
id.	id.	6.e Lessivage	Eau pure . . . 3,750	Lessive . . . 3,750	à $0\frac{11}{12}$	Trop foible.	
id.	4.e Bande	1.er Lessivage	Eau du 2.e & du 3.e lessivage de la 3.e bande. 7,500	Lessive . . . 3,750	à $16\frac{61}{64}$	Bonne à brûler.	
id.	id.	2.e Lessivage	Eau du 4.e lessivage de la 3.e bande . . 3,750	Lessive . . . 3,750	à $9\frac{11}{16}$	Trop foible.	
id.	id.	3.e Lessivage	Eau du 5.e lessivage de la 3.e bande . . 3,750	Lessive . . . 3,750	à $5\frac{7}{16}$	Trop foible.	
id.	id.	4.e Lessivage	Eau du 6.e lessivage de la 3.e bande . . 3,750	Lessive . . . 3,750	à $2\frac{61}{64}$	Très-foible.	
id.	id.	5.e Lessivage	Eau pure . . . 3,750	Lessive . . . 3,750	à $1\frac{11}{16}$	Très-foible.	
id.	id.	6.e Lessivage	Eau pure . . . 3,750	Lessive . . . 3,750	à $0\frac{47}{64}$	foible.	
2.e Tour	1.re Bande	1.er Lessivage	Eau du 2.e & du 3.e lessivage de la 4.e bande . 7,500	Lessive . . . 3,750	à $17\frac{17}{16}$	Bonne à brûler.	

OBSERVATIONS.

IL est évident qu'il seroit inutile de pousser plus loin le lessivage des cendres; l'on voit que nous sommes arrivés à la dernière des bandes de tonneaux, que nous avons recommencé le second tour, et que ce seroit toujours répéter la même chose. On observera seulement que par cette méthode, qui nous a paru la plus simple, la plus expéditive et la plus économique, le travail n'est jamais interrompu; que pendant le lessivage des dernières bandes, on décharge et on recharge les premières, et que les chaudières sont constamment et également servies; on voit aussi qu'elle a l'avantage d'élever les lessives à un degré très-avantageux pour être évaporées; et en supposant, comme on l'a fait ici, que les cendres contiennent dix pour cent de matière saline, il n'en reste dans les 30,000 liv. employées dans ce lessivage, que 75 liv. 6 onces, puisqu'on a obtenu 32,750 livres de lessive à 8 d. ½ qui évalent à 2,924 livres 10 onces de salin.

avec le double du poids employé à la première pression. A mesure que la pression s'exerce sur la lie, le liquide en sort et tombe dans un vase qu'on a placé sous la cuve pour le recevoir. Cette liqueur est employée à différens usages, suivant l'état de la lie qui la fournit ; si elle est nouvelle, elle peut servir de boisson ; si elle est ancienne, et qu'elle ait eu pendant quelque tems le contact de l'air, elle aura un goût d'évent, et ne peut servir dans cet état, qu'à faire du vinaigre ou de l'eau-de-vie.

Mais si la lie est trop ancienne et qu'un commencement de fermentation putride s'y soit développé, elle est ce qu'on appelle poussée et le liquide qu'on en retire ne peut être employé qu'à faire de l'eau-de-vie. On observe que cette eau-de-vie ne peut être rendue potable que par une seconde distillation faite avec précaution.

Lorsque la lie est bien *chippée*, c'est-à-dire qu'il n'en sort plus de liquide par une forte pression, on ôte les sacs du métier, on passe la main entre eux et la lie, on les ploye sur la longueur, et on les retourne pour en faire sortir le pain de lie sans le briser.

Du desséchement des lies.

Pour que la dessication des pains de lies se fasse plus facilement, et qu'elles ne se gâtent point, on courbe les pains à-peu-près comme tuiles faîtières, et on les dépose dans des greniers à côté des uns des autres sur leurs angles, afin que l'air les frappe sur tous les points, qu'ils ne moisissent, ni ne s'échauffent point, et que les vers ne les réduisent pas en poussière.

Quand ils ont été ainsi essorés, pendant 7 à 8 jours, on peut, si l'on veut, pour accélérer le déchessement, les exposer au soleil sur un sol sec. Lorsque les lies n'ont

point été poussées , elles sont brunes , un peu noirâtres
à la surface , et d'un rouge pourpre dans l'intérieur.

De la combustion des lies desséchées.

Lorsque les lies sont sèches , qu'elles se cassent net et
avec bruit , elles sont dans l'état convenable à la combustion. On forme avec des briques ou des tuiles sans
mortier , un fourneau rond dont le sol doit être quarrelé
sur du sable ; on donne d'abord à un fourneau, avant de
commencer l'opération , environ 9 à 10 pouces d'élévation. On met dans le fond , un petit fagot de paille ou
de sarment , ou de tout autre bois menu , pour faciliter
la combustion. Ce fourneau doit avoir 6 pieds de diamètre pour brûler mille pains de lie pesant environ six
livres. On met pour commencer tout autour des combustibles , vingt-cinq pains de lie qu'on pose de champ et
inclinés les uns contre les autres , ensorte qu'il y ait dans
l'intérieur une partie creuse qui permette le passage de
l'air , et facilite la combustion.

Ces premiers pains en parfaite combustion , on en ajoute
de nouveaux , et on élève les parois des fourneaux dans la
même proportion ; on continue ainsi en augmentant chaque
fois le nombre de pains et les parois du fourneau , jusqu'à ce
que la totalité soit brûlée ; il faut laisser aller la combustion d'elle-même , jusqu'à la fin , et ne démonter le fourneau , que lorsqu'il est presque réfroidi. Il est esssentiel
de fournir de l'aliment au feu , à mesure qu'il en con-
sume ; sans cette précaution , son activité se ralentiroit ,
et la chaleur, en diminuant, porteroit un grand obstacle à
la combustion et au perfectionnement de la cendre gravelée ; il est également important de n'en pas donner une

trop grande quantité , de crainte que la masse froide qu'on
ajouteroit , ne fit tomber dans le même inconvénient. Il
faut, en un mot , que la combustion ne soit ni trop
lente ni trop active , qu'aussitôt que la flamme se laisse
appercevoir au-dessus des pains , en ajouter de nouveau ,
et que ceux-ci ne soient jamais brûlés avant d'en mettre
d'autres.

On a observé que les lies qui avoient éprouvé plus ou
moins fortement la fermentation putride , étoient plus difficiles à sécher, que la combustion ne s'en faisoit pas aussi
rapidement , et qu'il restoit dans la cendre gravelée , beaucoup de traces noires qui ne sont que des charbons non
brûlés , et que la cendre gravelée n'en est pas aussi bonne ;
c'est pourquoi il est avantageux de préparer les lies aussitôt qu'on les a recueillies.

La bonne cendre gravelée doit être blanche , ou par-
semée de place en place , de taches bleuâtres ou verdâtres ,
en petite masse à demi fondue , imprimer sur la langue
une sensation vive , même brûlante , lorsqu'on en met
une certaine quantité. Un autre caractère encore plus
certain pour reconnoître la qualité de cette matière , c'est
sa dissolution facile et presque complette dans l'eau , à
laquelle elle communique ses propriétés. Le fourneau étant
réfroidi , on le démonte , on en retire la matière qu'il contient , on la casse par petits morceaux , et on l'enferme
dans des barils tarés , afin qu'on puisse en connoître le
poids en pesant les barils.

On observera qu'au fond et au-dessus du fourneau il se
trouve une certaine quantité de cendres gravelées qui n'ont
pas reçu tout le perfectionnement dont elles ont besoin ;
il faut les mettre de côté pour les brûler de nouveau , dans

la première opération, il s'en trouve cent cinquante livres sur un millier.

Du brûlement des rafles et marcs de raisins.

On a cru devoir placer à la suite de la fabrication de la cendre gravelée, la manière de brûler les rafles et les marcs de raisins, quoiqu'elle resemble beaucoup à celle qui a été indiquée pour les végétaux, parce qu'ils appartiennent au même végétal qui donne les lies, qu'elles s'en rapprochent par leur nature, et que les propriétaires qui ont des lies ont aussi des rafles et des marcs qui souvent sont perdus ou employés à des usages qui peuvent être remplis par d'autres matières, dans un moment sur-tout où les vendanges sont très-abondantes, et où les vaisseaux manquent pour les contenir ; les besoins de la République font une loi sacrée à tous les citoyens propriétaires de vignes, de recueillir avec soin les rafles et les marcs qui proviendront de leur vendange, de les faire dessécher à l'abri des intempéries de l'air, soit pour les faire brûler eux-mêmes et en offrir la cendre à la Patrie, soit pour les livrer en nature aux atteliers nationaux qui s'occupent de brûler les plantes inutiles. Il ne s'agit pour brûler les rafles et les marcs de raisins, que de les bien dessécher, de les emmonceler sur un fagot de bois menu ou de sarment pour commencer la combustion, d'en ajouter de nouvelles quantités à mesure que les premiers brûlent, et lorsque la totalité de cette matière est brûlée, faire consumer la cendre encore charbonneuse en la remuant de temps-en-temps pour en renouveller les surfaces et faciliter l'incinération.

Les marcs et les rafles de raisins qui ont servi à prépa-

rer la boisson connue sous le nom de *boîte*, quoique moins
bons, méritent néanmoins la peine d'être brûlés, la cendre
qui en provient vaut encore mieux que celle de certains
végétaux.

De l'emploi de la lessive des cendres, à la saturation des eaux salpêtrées.

L'expérience a démontré que le meilleur moyen de tirer
tout le parti possible des cendres, est de les lessiver à
part avec de l'eau pure, de la même manière que les terres
salpêtrées ; les salpêtriers qui observent exactement, qui
comparent et calculent le produit de leurs opérations, sont
convaincus de cette vérité et ne suivent pas d'autres méthodes.

Ainsi le Commissariat, pour l'intérêt général et celui
des Salpêtriers eux-mêmes, leur recommande d'opérer d'a-
près ce principe.

Pour arriver précisément au point de saturation des eaux
salpêtrées, il faut établir plusieurs bases certaines et inva-
riables, sans lesquelles on opérera toujours par routine.

On sait qu'il entre dans la composition d'un quintal de
salpêtre pur, un peu plus de la moitié de son poids d'alcali ; il faudroit donc, dans des eaux salpêtrées à quinze
dégrés, par exemple, si elles ne contenoient pas d'autres
sels qu'il est important de ne pas décomposer, environ
autant de lessive de cendres au même dégré, pour les
saturer ; mais jamais le salpêtre à base terreuse n'existe seul
dans les matériaux qui le recelent ; il y est toujours ac-
compagné par le sel-marin ordinaire, et par un autre sel
marin calcaire. On sait aussi que les proportions de ces trois
sels entr'eux, varient beaucoup, suivant les circonstances
qui ont concouru à la salpêtrisation des matières, mais

comme il est rare que dans une cuitte on employe des pierres
ou terres de la même nature et provenant du même lieu ,
en prenant la moyenne de différens résultats obtenus par
les Salpêtriers , on ne risquera pas de s'écarter beaucoup de
la route.

Ainsi, en admettant que les matériaux , les uns dans
les autres , contiennent un cinquième de sel-marin et de
sel-marin calcaire deleguescent , il reste dans cent livres
d'eau à quinze dégrés , douze livres de salpêtre calcaire à
décomposer , qui demande cent livres de lessive à douze dégrés , pour être saturé ; ou mettra donc sur l'eau de cuitte ,
après avoir diminué le cinquième des dégrés qu'elle donne
à l'aréomètre , autant de lessive de cendres au même degré.

EXEMPLE.

Sur cent mesures d'eau salpêtrée à quinze degrés , on
mettra cent mesures de lessive à douze degrés , ou quatre-
vingt-quinze dégrés , ce qui revient au même.

On évitera , en procédant de cette manière , l'inconvénient
qui n'arrive que trop souvent de porter dans la chaudière des
eaux non saturées qui ne font qu'embarrasser et empêcher la
crystallisation de la portion de salpêtre formée , et on éco-
nomisera le combustible et le tems qui sont des objets pré-
cieux. Il est évident que les regles qui viennent d'être éta-
blies relativement aux eaux de lessive , s'appliquent également
ment à l'emploi de la potassse , dans la saturation des eaux
salpêtrées ; ainsi , on se dispensera d'entrer dans un plus
grand détail à cet égard.

On ne parlera pas non plus des précautions à prendre
avant de porter les eaux dans les chaudières où elles ne
doivent arriver que lorsqu'elles auront déposé la terre
qui se sera séparée en saturant.

A l'égard des eaux mères, on peut employer deux moyens pour en obtenir la petite portion de salpêtre qui n'a point été décomposée par la première saturation ; le premier consiste à les traiter avec la lessive des cendres , en calculant les dégrés de l'une et de l'autre liqueur , comme on l'a indiqué plus haut. Le second plus simple et plus économique , c'est de répartir les eaux mères à mesure qu'on en a sur les cendres , en en mettant par tonneau douze à quinze pintes mesure de Paris.

Vu et approuvé la présente Instruction pour être distribuée dans le Département d'Indre et Loire, et autres environnans.

A Loches , le 28 Fructidor , deuxième année de la République Française , une et indivisible ,

LE REPRÉSENTANT DU PEUPLE chargé de la fabrication du salin , potasse et salpêtre , dans le Département d'Indre et Loire , et autres environnans.

Signé , NIOCHE.

TABLE DES MATIÈRES.

Fin de la Table.

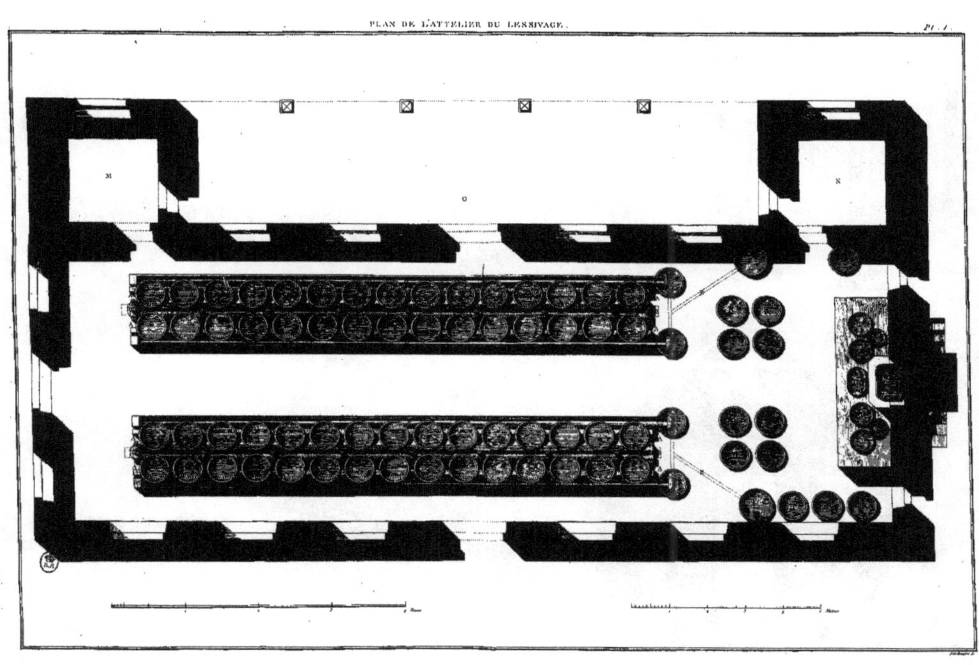

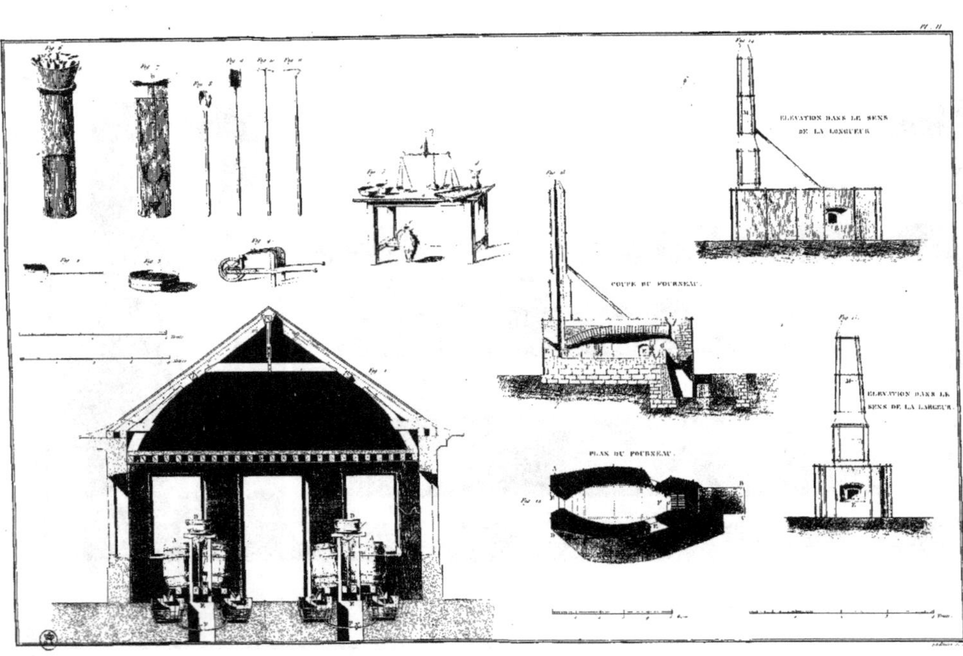

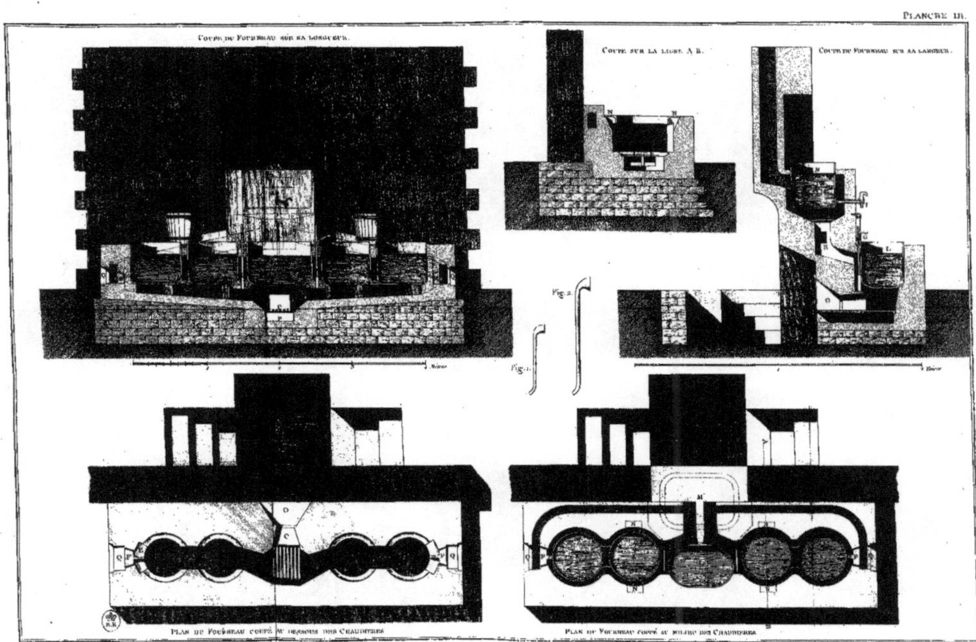
COUPE DU FOURNEAU SUR SA LONGUEUR.
COUPE SUR LA LIGNE A B.
COUPE DU FOURNEAU SUR SA LARGEUR.
Fig.2
Fig.1
PLAN DU FOURNEAU COUPÉ AU DESSOUS DES CHAUDIÈRES
PLAN DU FOURNEAU COUPÉ AU MILIEU DES CHAUDIÈRES

Les travaux du Commissariat ne lui ayant pas permis de rester
à Tours, pour surveiller l'impression et corriger les épreuves de
ce petit ouvrage ; ce soin avoit été abandonné à un Citoyen
très-intelligent, qui néanmoins a laissé échapper plusieurs fautes
que nous nous empressons d'indiquer au lecteur, par l'*Errata*
suivant.

ERRATA.

FAUTES D'IMPRESSION A CORRIGER.

Page 2, ligne 11, experts ; *lisez*, expériences.

Page 12, ligne 13, ou seconde bande ; *lisez*, une seconde bande.

Idem, ligne 20, on élève des tonneaux ; *lisez*, on élève les tonneaux.

Page idem, ligne 21, sur les chaudières ; *lisez*, sur des chantiers.

Tableau, lessive troisième de la troisième bande lessive 3,750 à $4^d \frac{26}{31}$ 5 ; *lisez*, à $4^d \frac{26}{31}$.

Page 19, ligne 6, qu'on se présente ; *lisez*, qu'on se représente.

Page idem, ligne 10, en représente seulement deux ; *lisez*, en représente réellement deux.

Page 20, ligne 17, entr'elle et l'extérieur ; *lisez*, entr'elle et l'extérieure.

Page 22, ligne 3, soit relevé d ; *lisez*, soit relevé de.

Page idem, ligne 7, il s'en élève poussière ; *lisez*, il s'en élève une poussière.

Page idem, ligne 23, avec plus d'identité ; *lisez*, avec plus d'intensité.

Page idem, ligne 27, en chasent ; *lisez*, enchaffent.

Page idem, ligne 28, (!) ; *lisez*, (.).

Page idem, ligne 31, en refaire le salin ; *lisez*, en retirer le salin.

Page 23, ligne 4, avec des rables de feu ; *lisez*, avec des rables de fer.

Page idem, ligne 7, et on l'attire dehors ; *lisez*, et on la tire dehors.

Page 24, ligne 1, pour en tenir le liquide ; *lisez*, pour en tirer le liquide.

Page idem, ligne 12, pour qu'il segoutent ; *lisez*, pour qu'ils s'égoutent.

Page idem, ligne 17, on met par-dessus ; *lisez*, on en met par-dessus.

Page 25, ligne 16, est bien chippée ; *lisez*, est bien étrippée.

Page 26, ligne 8, on donne d'abord à un fourneau ; *lisez*, on donne d'abord au fourneau.

Page 28, ligne 6, quoiqu'elle resemble ; *lisez*, quoiqu'elle ressemble.

Page 30, ligne 5, la route, *lisez*, la vérité.

Page idem, ligne 8, sel marin déléguescant ; *lisez*, sel marin déliquescent.

Page idem, ligne 15 et 16, ou quatre-vingt-quinze degrés ; *lisez*, ou quatre-vingt à quinze degrés.

E

EXPLICATION DES PLANCHES.

PLANCHE I.ʳᵉ

PLAN géomètral d'un attelier de lessivage de soixante-douze pieds de long, sur vingt-quatre de large, composé de soixante tonneaux de lessivage, de quatre recettes, deux récipiens avec deux corps de pompes en cuivre, ou en bois, puisant les eaux & les portant dans les douze recettes, pour se rendre de-là dans les chaudières d'évaporation d'un fourneau ; contenant six chaudières, dont cinq en fonte, sur lesquelles quatre de forme ronde, disposées sur les côtés pour l'évaporation ; une au milieu pour dessécher le salin ; une sixième en cuivre étamé, élevée au-dessus des autres, et échauffée par la chaleur échappée aux autres chaudières, & portant un robinet pour alimenter de lessive, les chaudières d'évaporation. Sur la platteforme du fourneau sont placés deux bacquets percés d'un trou vers le fond, et garnis d'une chantepleure, ou canule destinées à fournir des eaux de lessive aux chaudières d'évaporation.

DÉTAIL DE L'ATTELIER.

A. Soixante tonneaux, sur quatre rangées, servant au lessivage des cendres, recevant vers le fond une chantepleure, par laquelle on donne l'écoulement aux eaux qui tombent dans une gouttière, cotée *B*, placée au-dessous, et qui se rendent dans les recettes, cotées *C*. . . . . . .

D. Bacquet placé à chaque bout des gouttières de bois, posé

de niveau au milieu et au-dessus de chaque double bande de
tonneaux de lessivage, et supportée de distance en distance par
des poteaux. Ces bacquets sont percés au fond, pour donner
écoulement aux eaux dans les gouttières percées elles-mêmes,
au droit de chaque tonneau, d'un trou garni d'une chantepleure
pour alimenter ses tonneaux.

Il faut observer que deux des bacquets, placés à l'opposé des
fourneaux, sont destinés à recevoir les eaux venant d'un puits
par le moyen d'une pompe, ou d'une conduite d'eau ; que
ceux placés du côté du fourneau, sont pour recevoir les petites
eaux de lessive qui ont besoin d'être repassées sur des cendres
neuves pour arriver au degré convenable d'évaporation.

Les recettes cotées *C* sont percées au fond, d'un trou auquel
est adapté la conduite cotée *E*, garnie d'un robinet à trois
ouvertures, placé à la jonction des deux tuyaux pour conduire
les eaux dans les recettes cotées *F*, et intercepter à volonté la
communication des récipiens cotés *C*.

G. Deux corps de pompe servant à puiser les eaux dans les
récipiens cotés *F*, pour être ensuite portées sur les tonnes
cotées *H*, ou dans la chaudière cotée *I*, servant à échauffer
les lessives destinées à fournir les chaudières d'évaporation marquées *J*, par le moyen d'une gouttière de bois placée sous un
robinet, attaché au corps de pompe.

M. Magazin destiné à renfermer les cendres.

O. Hangard pour le rétablissement des tonneaux et autres
ustensiles pour le service de l'attelier.

P. Fourneau d'évaporation.

Q. Escalier souterrain, conduisant au foyer du fourneau,
ainsi qu'au cendrier.

J. Chaudière d'évaporation.

L. Chaudière servant au desséchement du salin.

I. Chaudière où les lessives sont d'abord déposées, et où elles s'échauffent avant de parvenir dans les chaudières d'évaporation.

N. Magazin pour renfermer la potasse.

PLANCHE II.ᵉ

FIGURE PREMIÈRE.

Coupe de l'attelier, faite sur la largeur.

A. Tonneaux de lessivage.

B. Gouttière en bois, recevant les eaux des tonneaux de lessivage.

C. Recettes où les eaux sont versées par les gouttières, cotées *B.*

D. Bacquets placés au-dessus des tonneaux, et fournissant les eaux dans les gouttières, cotés petit *b.*

E. Regard, dans lequel se trouve un robinet à trois eaux, cotés *F.*

FIGURE 2.ᵉ

Pelle de bois pour le service de l'attelier.

FIGURE 3.ᵉ

Crible en fil de fer pour passer les cendres.

FIGURE 4.ᵉ

Brouette pour le transport des cendres neuves et lessivées.

F I G U R E 5.^e

(*a*) Table qui doit être placée dans un petit local, près de l'attelier, destinée à recevoir les balances, cotée petit *b*.

c c. Terrines dans lesquelles on met les cendres pour en faire l'essai.

d. Mesure contenant une pinte ou deux livres d'eau.

e. Papier gris à filtrer, qui ne doit pas être colé.

f. Vafe pour mettre l'eau de pluie ou de rivière, deftinée à l'essai des cendres ou de la potasse.

F I G U R E 6.^e

a. Vase de verre, dans lequel on filtre la liqueur.

b. Entonnoir de verre.

c. Filtre de papier gris.

F I G U R E 7.^e

Vase de verre rempli de liqueur, dans lequel l'aréomètre est soutenu à degrés.

F I G U R E 8.^e

Puisoire ou grande cuillier de cuivre rouge, servant à puiser le salin dans les chaudières d'évaporation, et le porter dans celle à dessécher.

F I G U R E 9.^e

Pelle en fer, servant à mettre le salin dans le fourneau de calcination.

F I G U R E 10.^e

Rateau de fer pour remuer le salin dans le fourneau de calcination.

F I G U R E 11.^e

Ringard en fer destiné à retirer le salin du fourneau de calcination, lorsqu'il est converti en potasse.

FIGURES 12, 13, 14 et 15.

Plan, coupe et élévation du fourneau.

(*a*) Reverbère servant à calciner le salin et à le réduire en potaffe, par la calcination.

ABCD. Espace occupé par le fourneau.

EFG. Intérieur dans lequel on place la potasse.

GH. Grille, sur laquelle on jette le bois.

I. Trou par où l'air arrive, et communique au cendrier.

E. Ouvertures par lesquelles on travaille dans le fourneau.

L. Ouverture par laquelle on jète le bois.

M. Tuyau de cheminée.

PLANCHE III.ᵉ

Plan, coupe et élévation du fourneau d'évaporation.

C. Grille du fourneau.

D. Passage de la flamme, partant de dessous la chaudière, cotée *L*, et qui se divise en deux parties égales.

E. Passage de la fumée qui se divise en deux parties égales, par le moyen de la languette, cotée petit *e*.

F. Tampon qui se retire pour donner passage à la fumée, par le conduit coté *EE*, lorsque les chaudières ont trop de feu.

On observera que dans le cas où il se trouveroit de l'humidité dans le fourneau, le même conduit peut servir pour forcer la fumée à prendre son cours.

G. Soupape en fonte ou en fer qui s'élève ou s'abaisse, par le moyen de la tringle de fer, coté petit *g*, et servant à intercepter le feu de dessous les chaudières, marquées *K*; et celle de derrière de la chaudière, côtée L, servant à donner passage à la flamme, lors même que les deux autres soupapes sont fermées.

H. Plaque en fonte, entre les chaudières, pour fournir de la chaleur à la partie des chaudières, qui est privée du feu.

Robinet servant à l'écoulement des lessives dans les chaudières d'évaporation, cotées K, par le moyen de deux tuyaux en cuivre, tels qu'on les voit représentés par les figures 1 et 2.

K. Chaudière d'évaporation.

L. Chaudière servant à dessécher le salin.

M. Chaudière destinée à fournir l'aliment aux chaudières d'évaporation.

N. Porte en fer pour ramoner les tuyaux par où passe la fumée, en cas d'engorgement.

O. Porte du foyer.

P. Cendrier.

Q. Porte par où on retire le tampon, coté F, et pour empêcher la fumée de se répandre dans l'attelier, lorsque les tampons sont retirés.

$E R$. Tuyau de cheminée.

Nota. C'est par économie qu'on n'a figuré sur la planche première, que soixante-douze tonneaux ; car dans l'espace du local décrit dans l'instruction, on peut facilement en placer cent vingt. Ce n'est donc que pour éviter le nombre et l'étendue des planches, qui auroient nécessité une dépense considérable, qu'on a cru devoir agir ainsi.